科学のアルバム

サクラの一年

守矢　登

あかね書房

もくじ

監修●小林義雄
協力●佐野藤右衛門
構成●七尾 純
写真協力●佐藤有恒
早川 清
赤石沢康彦
イラスト●森上義孝
渡辺洋二
林 四郎
装丁●画工舎

科学のアルバム

サクラの一年

守矢　登（もりや　のぼる）

一九三一年、長野県諏訪《すわ》市に生まれる。
めぐまれた環境《かんきょう》のなかで、幼《おさな》いころから自然《しぜん》の動植物の生態《せいたい》に興味《きょうみ》をおぼえる。
一九五〇年上京。日本国有鉄道《てつどう》（現ＪＲ）に勤務《きんむ》のかたわら、
趣味《しゅみ》を生かし、山岳《さんがく》写真、植物写真、動物写真を撮《と》りつづけ、
学習、科学雑誌《ざっし》などにすぐれた作品を多く発表。
現在《げんざい》、地元の丹沢《たんざわ》の自然や、故郷《こきょう》の霧ケ峰《きりがみね》高原の四季をテーマに写真を撮りつづけている。
著書《ちょしょ》に「イネの一生」「水草のひみつ」（共にあかね書房）がある。

日本《にっぽん》の春《はる》は、みどりのわか葉《ば》と
美《うつく》しいサクラの花《はな》にうまります。
サクラは四季《しき》おりおりに、
どんな生長《せいちょう》をするでしょう。

●あたたかい春《はる》の日《ひ》ざしをうけてさく
コチョウザクラ。

→早春《そうしゅん》、日《ひ》あたりのよい土手《どて》の雪《ゆき》がとけて、フキノトウが顔《かお》をだし、春《はる》のおとずれをつげている。

※とくに地名《ちめい》が書《か》いてないかぎり、サクラと日付《ひづけ》は東京《とうきょう》におけるもの。南北《なんぼく》にながい日本《にっぽん》では、場所《ばしょ》によってこの日付《ひづけ》が、かなりちがう。

←※二月六日《がつむいか》。ねむっていたようだったサクラも、春《はる》のおとずれとともに、また生長《せいちょう》をはじめる。

春《はる》のおとずれ

二月上旬《がつじょうじゅん》、日《ひ》がながくなり、日《ひ》一日《にち》と気温《きおん》も高《たか》くなってきました。ひなたでは、雪《ゆき》もとけて大地《だいち》が顔《かお》をのぞかせています。もうそこまで春《はる》がやってきているのです。

冬《ふゆ》のあいだ、かたい皮《かわ》でおおわれ、生《せい》長《ちょう》をやすんでいたサクラの芽《め》は、春《はる》のいぶきにめをさまし、またぐんぐんと生長《せいちょう》をはじめます。サクラの芽《め》は花《はな》のさく芽《め》と、葉《は》や枝《えだ》になる芽《め》にわかれています。

まず、花《はな》のさく芽《め》が、日《ひ》ごとにまるくふくらみをましていきます。東京《とうきょう》では三月下旬《がつげじゅん》には、あたたかい風《かぜ》のひとふきで、今《いま》にもさかんばかりのつぼみになります。

←3月《がつ》2日《か》。春《はる》をまつ，ヤマザクラの花《はな》芽《め》。うろこのようなりん片《べん》が，内《うち》がわからじょじょにおしひろげられ，つぼみがふくらんでくる。

↑4月《がつ》1日《ついたち》，ソメイヨシノのつぼみ。かたいりん片《ぺん》につつまれた冬芽《ふゆめ》が，だんだんふくらんでつぼみになる。ソメイヨシノは，気温《きおん》がせっ氏《し》10度《ど》になるとさく。

⬆つぼみをきって，なかをのぞいてみると，めしべ，おしべ，花《はな》びらがすっかりできている。ソメイヨシノの花《はな》のさきはじめは，うすい紅《べに》色《いろ》。やがて，それが白《しろ》くかわる。

➡五月《がつ》上旬《じょうじゅん》。春《はる》のおそい長野《ながの》県《けん》の山《やま》のなかで、カラマツの新緑《しんりょく》にかこまれて、まっ白《しろ》なカスミザクラがさいていた。

⬅四月《がつ》上旬《じょうじゅん》。春《はる》の早《はや》い地方《ちほう》では、ほかの多《おお》くの植物《しょくぶつ》がやっと芽《め》ばえるころ、ヤマザクラの花《はな》がさく。サクラの花《はな》は、春《はる》のおとずれをつげる。

新緑《しんりょく》のなかに

春《はる》のおとずれとともに、冬《ふゆ》のねむりからさめた山《やま》やまの草《くさ》木《き》は、いっせいに生長《せいちょう》をはじめ、葉《は》をのばしはじめます。

みずみずしいわか葉《ば》のみどりにつつまれた山《やま》やまに、まっさきに、ひときわめだって美《うつく》しい花《はな》をさかせるのが、ヒガンザクラ、ヤマザクラなどの野生《やせい》のサクラです。ふくらみきったつぼみの皮《かわ》を、花《はな》びらが内《うち》がわからおしのけるようにして、花《はな》をひらきます。

一面《めん》のみどりのなかに、白《しろ》い花《はな》がくっきりとうかびあがるのを合図《あいず》に、野《の》に山《やま》に、家《いえ》いえのまわりにも、いろいろな種類《しゅるい》のサクラが、つぎつぎに花《はな》をひらきはじめます。

▲タカネザクラ(苗場山《なえばやま》・6月《がつ》)

▼ヤマザクラ(4月上旬《がつじょうじゅん》)

野生《やせい》のサクラ

日本《にっぽん》には、約《やく》二十種類《しゅるい》の野生《やせい》のサクラがあることがしられています。

海岸線《かいがんせん》にも二千《せん》メートル以上《いじょう》の高山《こうざん》にも、また南《みなみ》の地方《ちほう》にも北《きた》の地方《ちほう》にも、日本《にっぽん》じゅうの野山《のやま》にはえています。

▲オオヤマザクラ(4月《がつ》中旬《ちゅうじゅん》)

▲リョクガクザクラ(4月《がつ》上旬《じょうじゅん》)

▼ウワミズザクラ(4月《がつ》上旬《じょうじゅん》)

▲カスミザクラ(4月《がつ》下《げ》旬《じゅん》)

▼ジュウガツザクラ(ヒガンザクラ系《けい》・4月《がつ》上旬《じょうじゅん》)

▼オオシマザクラ(4月《がつ》上旬《じょうじゅん》)

▼マメザクラ(4月《がつ》上旬《じょうじゅん》)

▼ヒヨシザクラ（4月上《がつじょう》～下旬《げじゅん》）

▲フゲンゾウ（4月下旬《がつげじゅん》）

▲カンヒザクラ（3月下旬《がつげじゅん》）

▲サクヤヒメ（4月上旬《がつじょうじゅん》）

▶シダレザクラ（和歌山《わかやま》・三月下旬《がつげじゅん》）

園芸品種《えんげいひんしゅ》のサクラ

日本《にっぽん》では、野生《やせい》のサクラを園芸品種《えんげいひんしゅ》につくりかえる研究《けんきゅう》が、五百年《ひゃくねん》ものむかしから、さかんにおこなわれていました。

品種改良《ひんしゅかいりょう》のすえ、日本《にっぽん》じゅうで見《み》ることのできるソメイヨシノをはじめ、二百《ひゃく》種類以上《しゅるいいじょう》のサクラができました。

▲ソメイヨシノ（4月上旬《がつじょうじゅん》）

▼ケンロクエンキクザクラ（金沢《かなざわ》・5月上旬《がつじょうじゅん》）

◀ギョイコウ（4月下旬《がつげじゅん》）

▼タイザンフクン（5月上旬《がつじょうじゅん》）

▼カンザクラ（小田原《おだわら》・2月中旬《がつちゅうじゅん》）

▼ソメイニオイ（4月上旬《がつじょうじゅん》）

▼オムロアリアケ（京都《きょうと》・4月下旬《がつげじゅん》）

→ソメイヨシノの花《はな》は、代表的《だいひょうてき》なサクラの花《はな》の形《かたち》をしている。

← ソメイヨシノの花《はな》の断面《だんめん》。

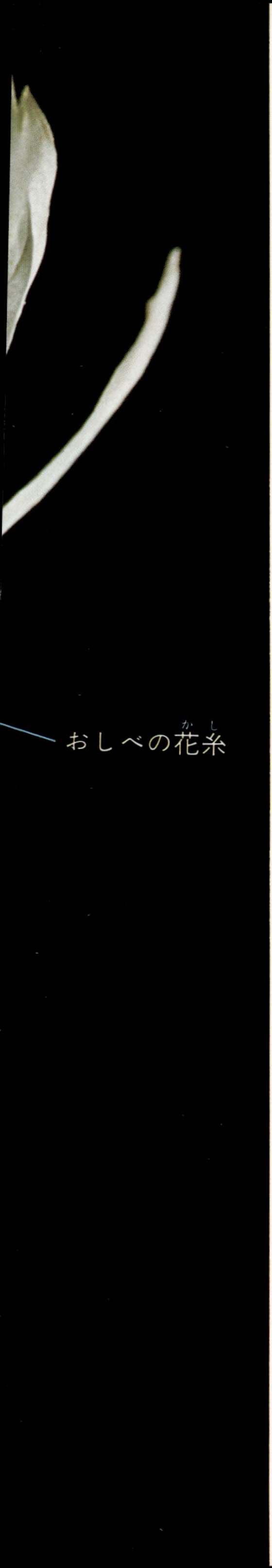

花《はな》のしくみ

サクラの花《はな》は、ふつう花《はな》びらが五枚《まい》、めしべが一本《ぽん》、おしべが三十~四十本《ぽん》です。

野生《やせい》のサクラの花《はな》びらは、白《しろ》またはうすべに色《いろ》ですが、園芸品種《えんげいひんしゅ》には、色《いろ》のこいものもあります。花《はな》びらのさきのきれこみは、サクラの花《はな》のとくちょうです。

サクラの花《はな》は、おなじ花《はな》のなかの花粉《かふん》では種《たね》ができません。そのため子房《しぼう》のわきからみつをだして虫《むし》をさそい、ほかの花《はな》から花粉《かふん》をはこんでもらい受粉《じゅふん》します。

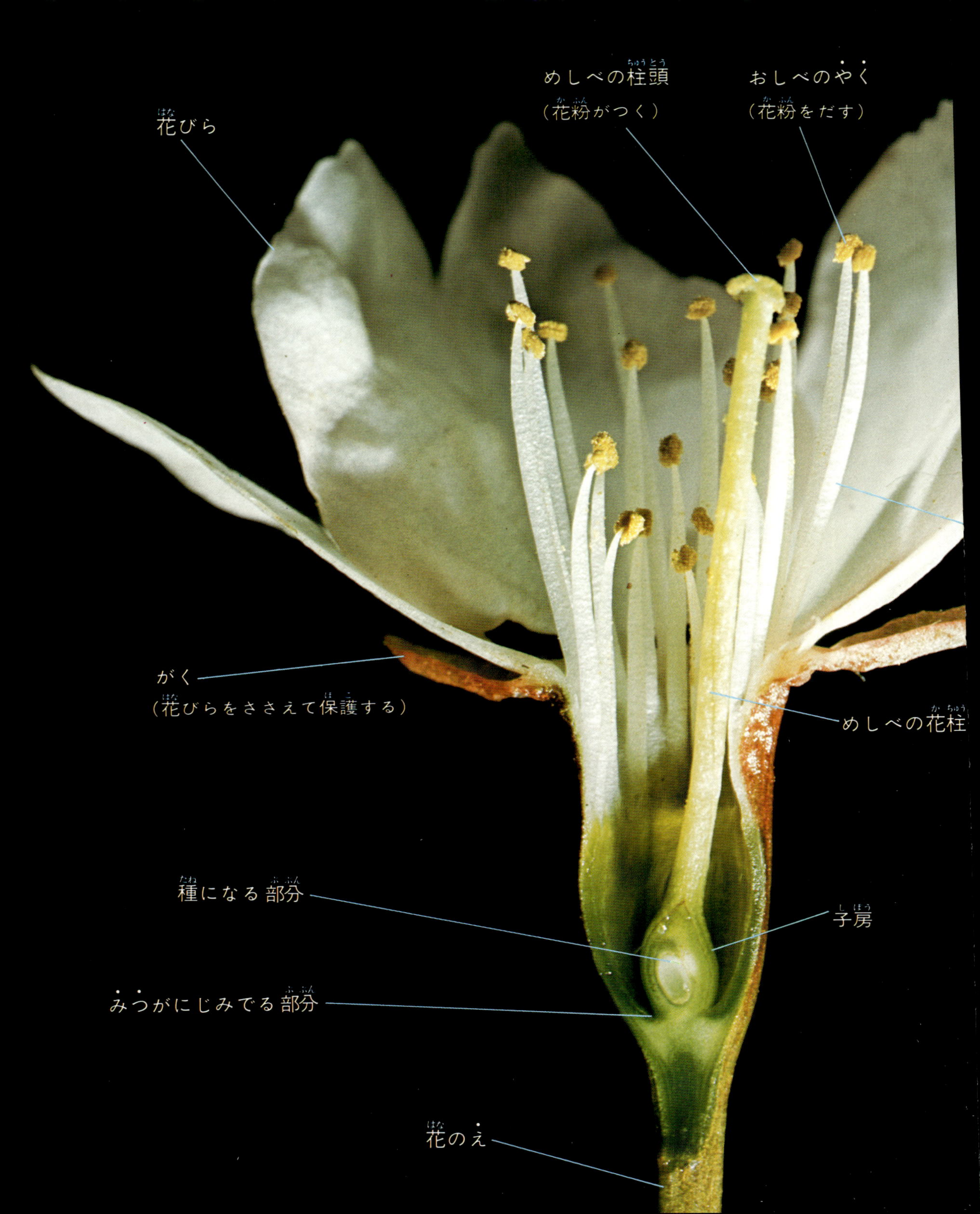
めしべの柱頭《ちゅうとう》
（花粉《かふん》がつく）
おしべのやく
（花粉《かふん》をだす）
花《はな》びら
がく
（花《はな》びらをささえて保護《ほご》する）
めしべの花柱《かちゅう》
種《たね》になる部分《ぶぶん》
子房《しぼう》
みつがにじみでる部分《ぶぶん》
花《はな》のえ

フゲンゾウという品種《ひんしゅ》のめしべは，不完全《ふかんぜん》な葉《は》にかわっていく。

イチヨウ（一葉《いちよう》という品種名《ひんしゅめい》）の花《はな》のおしべは花《はな》びらに、めしべは葉《は》に変化《へんか》する。

八重《やえ》ざきのサクラ

花《はな》には八重《やえ》ざきといって、花《はな》びらばかりのようにみえるものがあります。

ハタザクラという品種《ひんしゅ》は、ちょうどはたをたてたような花《はな》びらがあります。この花《はな》びらは、おしべだったものが、花《はな》びらにかわってしまったものなのです。

八重《やえ》ざきのサクラも、このようにおしべが花《はな》びらにかわったものです。

サクラの花《はな》はこのほかに、めしべが葉《は》にかわったもの、ひとつの花《はな》のなかに、もうひとつの花《はな》がさくものなどがあります。

こうした花《はな》は、おしべ、めしべが不完全《ふかんぜん》ですから、種《たね》をつくることはできません。

⬆ハタザクラの花《はな》には，横《よこ》にひらいた花《はな》びらのほかに，たっている花《はな》びらがある。これは，おしべがかわったもの。ハタザクラは，おしべぜんぶが花《はな》びらにならず，まだのこっている。

➡花《はな》びらがちっても、がくはわかい実《み》を保《ほ》護《ご》している。実《み》が生長《せいちょう》するにしたがって、がく、そしてめしべの花柱《かちゅう》もおちる。

⬅サクラの花《はな》は、離弁花《りべんか》といって、花《はな》びらが一枚《まい》ずつ独立《どくりつ》しているためにちりやすい。満開《まんかい》のころ、強《つよ》い風《かぜ》がふくと、ほとんどいっぺんにちってしまう。

花《はな》のじゅみょう

さきはじめてからわずかな日数《にっすう》で、あっというまにちってしまうサクラ。

サクラの花《はな》のじゅみょうは、天候《てんこう》によってたいへんちがいます。

春《はる》、いつまでも寒《さむ》かった年《とし》は、おそくさいて、早《はや》くちってしまいます。

花《はな》がさいてからきゅうに気温《きおん》がさがると、花《はな》の生長《せいちょう》がにぶり、ながくさいています。

また、気候《きこう》によってもちがいます。寒《さむ》い地方《ちほう》では、わずか四日《か》ぐらいから、あたたかい地方《ちほう》では、十日《か》以上《いじょう》と、大《おお》きなひらきがあります。

➡花《はな》びらがちっても，がく，おしべ，花柱《かちゅう》がのこっている。２日《か》から４日《か》で実《み》だけになる。

⬇実《み》は，花《はな》の子房《しぼう》がかわったもので，かたい核《かく》のなかに種《たね》ができる。

⬇サクラは花《はな》がちったあと，葉《は》のはたらきで養分《ようぶん》をつくり，実《み》を生長《せいちょう》させる。

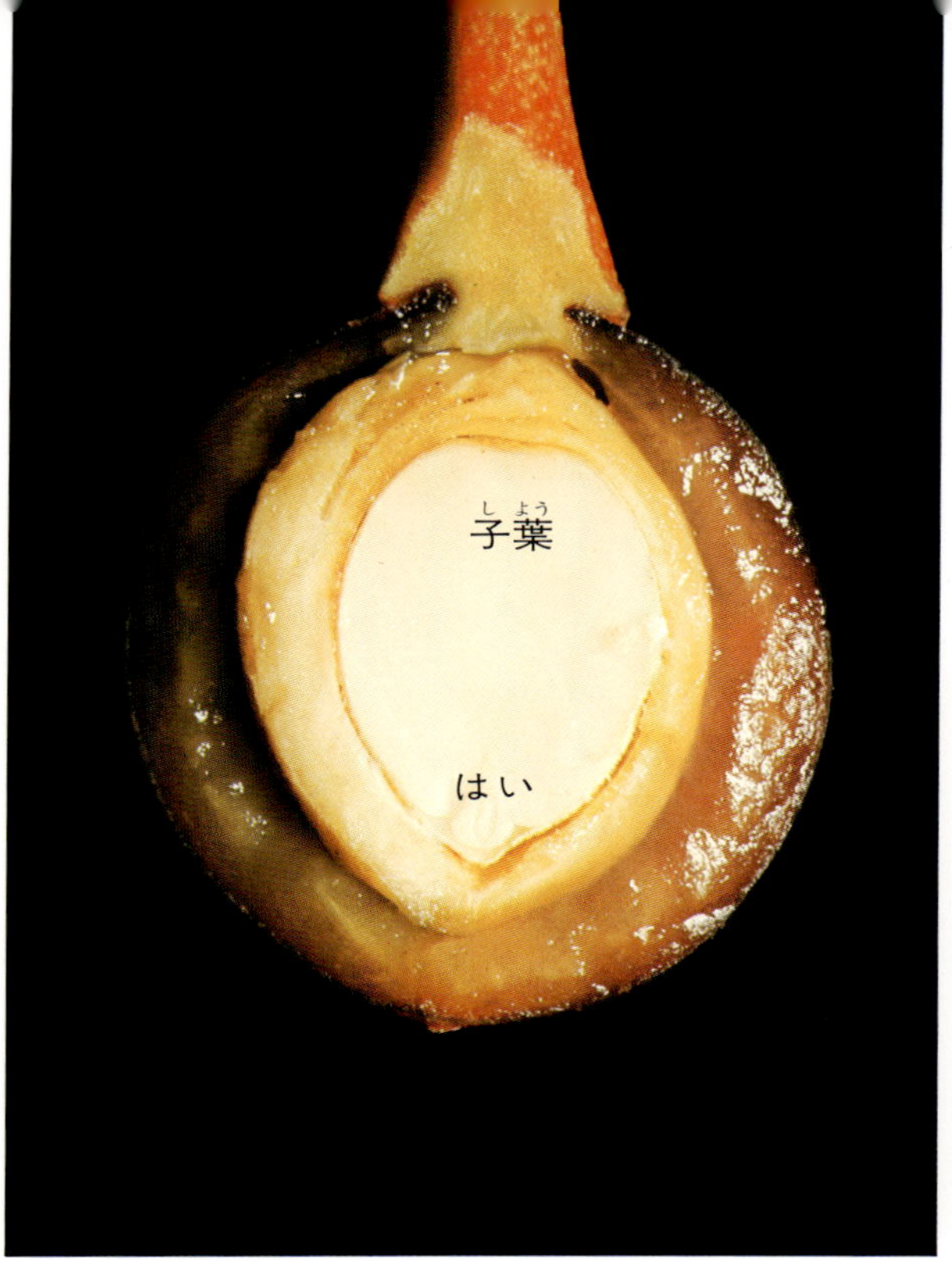

←実《み》は外《そと》がわがやわらかく黒《くろ》い肉《にく》。なかにかたい核《かく》につつまれた１つぶの種《たね》がある。種《たね》には子葉《しよう》とはいがある。

↓実《み》はみどり色《いろ》から赤《あか》くなり，70日《にち》くらいするとじゅくして黒《くろ》くなる。

実《み》の生長《せいちょう》

花《はな》がちっても、サクラの木《き》の活動《かつどう》がおわったわけではありません。これからがたいせつな仕事《しごと》。

虫《むし》のたすけをかりて、受粉《じゅふん》した花《はな》は、花《はな》びらがちったあと、みどり色《いろ》のかたい実《み》をむすびます。

実《み》がだんだんと赤《あか》く色《いろ》づいてくると、なかの種《たね》もできあがります。

じゅくしたやわらかい実《み》は、小鳥《ことり》や動物《どうぶつ》の大《だい》こうぶつ。かれらがたべた実《み》は、いろいろなところにはこばれ、ふんといっしょに種《たね》だけが、地《ち》上《じょう》にもどります。

⬆種《たね》のかたいからがわれた。

⬆芽《め》が頭《あたま》をもちあげてでてきた。
⬅芽《め》をわってみたら，本葉《ほんば》ができていた。

●木《き》からおちたサクラの実《み》は，土《つち》のなかで冬《ふゆ》をこして，つぎの年《とし》の春《はる》に芽《め》をだす。しかし，自然《しぜん》のままでは冬《ふゆ》のあいだにこおったり，かんそうして，多《おお》くはかれてしまう。

⬆葉《は》の芽《め》は，新《あたら》しい枝《えだ》をのばしながら，つぎつぎと葉《は》をひらいて生長《せいちょう》する。

⬆ヤマザクラは，花《はな》と葉《は》がいっしょにひらく。

葉《は》の生長《せいちょう》

実《み》をつくる仕事《しごと》とどうじに、サクラは、葉《は》をつくる仕事《しごと》にかかります。花《はな》がちると、一度《ど》に葉《は》の芽《め》がさけ、いっせいに葉《は》がのびはじめます。このころのサクラを葉桜《はざくら》といいます。

葉《は》は、新《あたら》しい枝《えだ》をのばしながら、ぐんぐんひろがり、枝《えだ》という枝《えだ》をみどり一色《しょく》につつんでしまいます。

葉《は》は、日光《にっこう》のたすけをかりて、枝《えだ》や、種《たね》、新《あたら》しい芽《め》などが生長《せいちょう》するために必要《ひつよう》な養分《ようぶん》をつくりだします。

サクラの木《き》は、葉桜《はざくら》になって、いよいよ活発《かっぱつ》に活動《かつどう》をはじめたのです。

↑サクラの葉《は》の生長《せいちょう》は，5月《がつ》から8月《がつ》ごろまでがもっともさかん。葉《は》のえには，2個《こ》のみつ線《せん》(円内《えんない》)ができていて，葉《は》のわかいころには，みつ線《せん》からあまいみつをだす。なぜだすのか，そのひみつはよくわかっていない。

⬆8月《がつ》20日《はつか》。幼芽《ようが》は，葉《は》のもとをつくりながら生長《せいちょう》する。

⬆6月《がつ》15日《にち》。新《あたら》しい葉《は》のつけねをきってみると，芽《め》ができていた。幼芽《ようが》にはまだりん片《ぺん》がない。

芽《め》の生長《せいちょう》

六月《がつ》、みどりの葉《は》かげにかくれて、めだたなくなったサクラの枝《えだ》のあちこちで、小《ちい》さな変化《へんか》がおきています。

枝《えだ》と葉《は》のえのつけねのあいだに、小《ちい》さなやわらかいふくらみができ、それをしんにして、つつむように小《ちい》さな葉《は》ができます。やがて、外《そと》がわの葉《は》は、かたいうろこのようなりん片《ぺん》に変化《へんか》していきます。これが来年《らいねん》の春《はる》に花《はな》や葉《は》になる芽《め》なのです。来《らい》年《ねん》でる芽《め》が、もうこのころから用意《ようい》されているのです。

はじめは、花芽《はなめ》と葉《は》の芽《め》のみわけ

はつきませんが、生長《せいちょう》するにしたがって、花芽《はなめ》はふくらんでくるので、葉《は》の芽《め》とのちがいがわかります。

⬆10月《がつ》15日《にち》。花芽《はなめ》の断面《だんめん》。花芽《はなめ》は6月《がつ》ころから分化《ぶんか》しはじめ，9月《がつ》にはめしべ，おしべができあがる。花芽《はなめ》はまるみをおびてくるので，葉《は》と芽《め》の区別《くべつ》ができる。

➡夏《なつ》の葉《は》かげは、虫《むし》たちのぜっこうのすみか。なきつづけるアブラゼミのまわりを、アリがアブラムシをさがして、いそがしそうにいったりきたり。コスカシバの幼虫《ようちゅう》がみきのなかにはいってやにとふんを外《そと》へだす。

⬅アメリカシロヒトリの幼虫《ようちゅう》は、サクラの大敵《たいてき》。五月《がつ》から九月《がつ》までに、年《ねん》二回《かい》発生《はっせい》し、群《む》れをつくって葉《は》をくいあらす。

葉《は》の役《やく》わり

数年《すうねん》まえのことです。九月《がつ》下旬《げじゅん》、東京《とうきょう》の郊外《こうがい》の町《まち》でサクラがさきました。花《はな》のさいた木《き》は、アメリカシロヒトリという毛虫《けむし》にほとんどの葉《は》をたべられて、ぼうずになった木《き》でした。

花《はな》のさく植物《しょくぶつ》は、くるいざきといって、花《はな》の季節《きせつ》でないのに花《はな》がさくことがあります。これはとつぜん葉《は》がなくなったり、気候《きこう》の変化《へんか》がかさなると、サクラの生活《せいかつ》がくるってしまうからです。

サクラの葉《は》は、養分《ようぶん》をつくる仕事《しごと》のほかに、気候《きこう》の変化《へんか》にあわせて、サクラのからだの調節《ちょうせつ》をする役《やく》わりもつとめています。

九月《がつ》になると、東京《とうきょう》でも朝夕《あさゆう》きゅうにすずしくなる。葉《は》のみどりにつやがなくなって、葉《は》の色《いろ》がかわってくると、やがて紅葉《こうよう》。紅葉《こうよう》は、葉《は》のはたらきがにぶくなってきたしょうこ。

●離層《りそう》は古《ふる》い葉《は》と，新《あたら》しい芽《め》が交《こう》たいをするためにできる。うごくことのできない植物《しょくぶつ》が，子孫《しそん》をのこすためのふしぎなしくみ。

離層《りそう》のところから葉《は》がおちる。新《あたら》しい芽《め》は活動《かつどう》をやすんでいる。

落葉《らくよう》まえの葉《は》のえの断面《だんめん》。離層《りそう》ができていて，くきと葉《は》のあいだをしゃ断《だん》する。

紅葉《こうよう》と落葉《らくよう》のひみつ

秋《あき》、役《やく》めをおえたサクラの葉《は》は、紅《こう》葉《よう》したあと、かれておちてしまいます。

役《やく》めをおえた葉《は》が紅葉《こうよう》するのはなぜでしょう。朝夕《あさゆう》の気温《きおん》がさがると、葉《は》の活動《かつどう》がにぶります。すると、葉《は》のえ・のもとに離層《りそう》というさけめができます。さけめは、外《そと》がわからだんだんくいこんで、養分《ようぶん》の通《とお》り道《みち》を切断《せつだん》してしまいます。そのため養分《ようぶん》としてつくった糖《とう》分《ぶん》が葉《は》にたまり、赤《あか》い色素《しきそ》ができます。

また、気温《きおん》がさがると、みどり色《いろ》の色素《しきそ》がおとろえて、かくれていた赤《あか》・黄《き》・かっ色《しょく》などの色素《しきそ》がみえてきます。

➡葉《は》がおちた直後《ちょくご》の離層《りそう》のあと。中央《ちゅうおう》と，両《りょう》がわにあるこぶは，水分《すいぶん》や養分《ようぶん》の通《とお》り道《みち》のあと。アブラムシが樹液《じゅえき》をすいにやってきた。

紅葉《こうよう》がすすみ、葉《は》のはたらきがまったくおわってしまうと、離層《りそう》のさけめもますますふかくなって、枝《えだ》からおくられる水《みず》の通《とお》り道《みち》もきられてしまいます。

葉《は》のじゅみょうが、すっかりおわりました。かれ葉《は》は、離層《りそう》のところで木《き》からはなれて、ひとりでに

←葉《は》がおちたあと，やがてきず口《ぐち》をろうのようなものがふさぎ，水分《すいぶん》の蒸発《じょうはつ》をふせいだり，寒《さむ》さからまもる。

おちてしまいます。

かれ葉《は》がおちた枝《えだ》には、新《あたら》しい芽《め》がもうすっかりできあがっています。このわか芽《め》から、来年《らいねん》の春《はる》には、みずみずしいわか葉《ば》がふきでます。そして、ふたたびこのかれ葉《は》とおなじ生活《せいかつ》をくりかえすのです。

➡ミノムシのついたサクラの枝《えだ》。落《らく》葉《よう》はおもに、古《ふる》い木《き》からはじまり、わかい木《き》やわかい枝《えだ》のほうが、おそくまで葉《は》がのこっている。

休眠《きゅうみん》の季節《きせつ》

十二月《がつ》になると、サクラの木《き》には、一枚《まい》の葉《は》もなくなってしまいました。かれ木《き》のようにみえるサクラは、休眠《きゅうみん》といって、生長活動《せいちょうかつどう》をやすみます。

植物《しょくぶつ》は、気温《きおん》が低《ひく》くなって大地《だいち》がこおると、水分《すいぶん》をすうことができません。また、葉《は》がおちてしまうと、養分《ようぶん》もつくれません。そのため、生長《せいちょう》もやすみ、夏《なつ》のあいだにためた養分《ようぶん》をつかっていきのびます。

サクラとおなじように休眠《きゅうみん》するヤマナラシという木《き》は、夏《なつ》のからだでは、氷点下《ひょうてんか》九度《ど》までしかたえられません。しかし、冬《ふゆ》の休眠中《きゅうみんちゅう》は氷点《ひょうてん》下《か》二十四度《ど》までたえることができます。

↑落葉《らくよう》は木《き》の種類《しゅるい》，年《ねん》れい，植《う》えてある場所《ばしょ》などでちがう。古《ふる》い木《き》は早《はや》くちってしまう。

↑ソメイヨシノの冬芽《ふゆめ》は，うっすらと毛《け》のはえた，たくさんのりん片《ぺん》につつまれて，寒《さむ》さとかんそうからまもられている。花芽《はなめ》は，ややまるみがあり，葉《は》の芽《め》と区別《くべつ》できる。

←1月《がつ》，ふぶきのなかで，みきの半分《はんぶん》も雪《ゆき》にうまり，枝《えだ》がうなるようなはげしい北風《きたかぜ》が，粉雪《こなゆき》を芽《め》にたたきつけている。しかし，サクラは夏《なつ》のあいだにつくられた強《つよ》いからだで，寒《さむ》さにたえ，やってくる春《はる》をまつ。(長野県《ながのけん》)

↑1本《ぽん》の花《はな》の枝《えだ》がのびて，ひとつの芽《め》から2～6個《こ》の花《はな》があつまってさく。

↑花芽《はなめ》は，まえの年《とし》にのびた新《あたら》しい枝《えだ》にでき，2年《ねん》以《い》上《じょう》の古《ふる》い枝《えだ》にはできない。

めぐってきた春《はる》

二月《がつ》四日《か》。こよみの上《うえ》では立春《りっしゅん》ですが、まだまだ寒《さむ》い日《ひ》がつづきます。

しかし、植物《しょくぶつ》は太陽《たいよう》の位置《いち》や昼《ひる》のながさなどで、正確《せいかく》に春《はる》のきたことをしるのでしょう。サクラの冬芽《ふゆめ》も、活発《かっぱつ》に生長《せいちょう》をはじめます。花芽《はなめ》のなかでは、めしべとおしべがのびてきます。花芽《はなめ》は日《ひ》ごとにふくらみをまして、かたくおおっていたりん片《ぺん》が、一枚《まい》一枚《まい》ぬぎすてられていきます。

三月《がつ》になると、花《はな》びらができ、花《はな》のえものび、あたたかい春《はる》風《かぜ》にさそわれて、つぼみが顔《かお》をのぞかせます。

⬆春《はる》のおそい北《きた》の地方《ちほう》でも，３月《がつ》になると芽《め》のふくらみがめだってくる。ウソという鳥《とり》はサクラの花《はな》の芽《め》が大《だい》こうぶつ。ときには，大群《たいぐん》になって芽《め》をくいあらす。(長野県《ながのけん》)

おしべとめしべがすっかり用意《ようい》されている，サクラのつぼみ。

ふたたび春《はる》になりました。
サクラの木《き》は、昨年《さくねん》よりすこし
大《おお》きくなりました。
昨年《さくねん》よりも芽《め》もたくさんついています。
もうすぐ美《うつく》しい花《はな》がさくでしょう。

*サクラの分布《ぶんぷ》

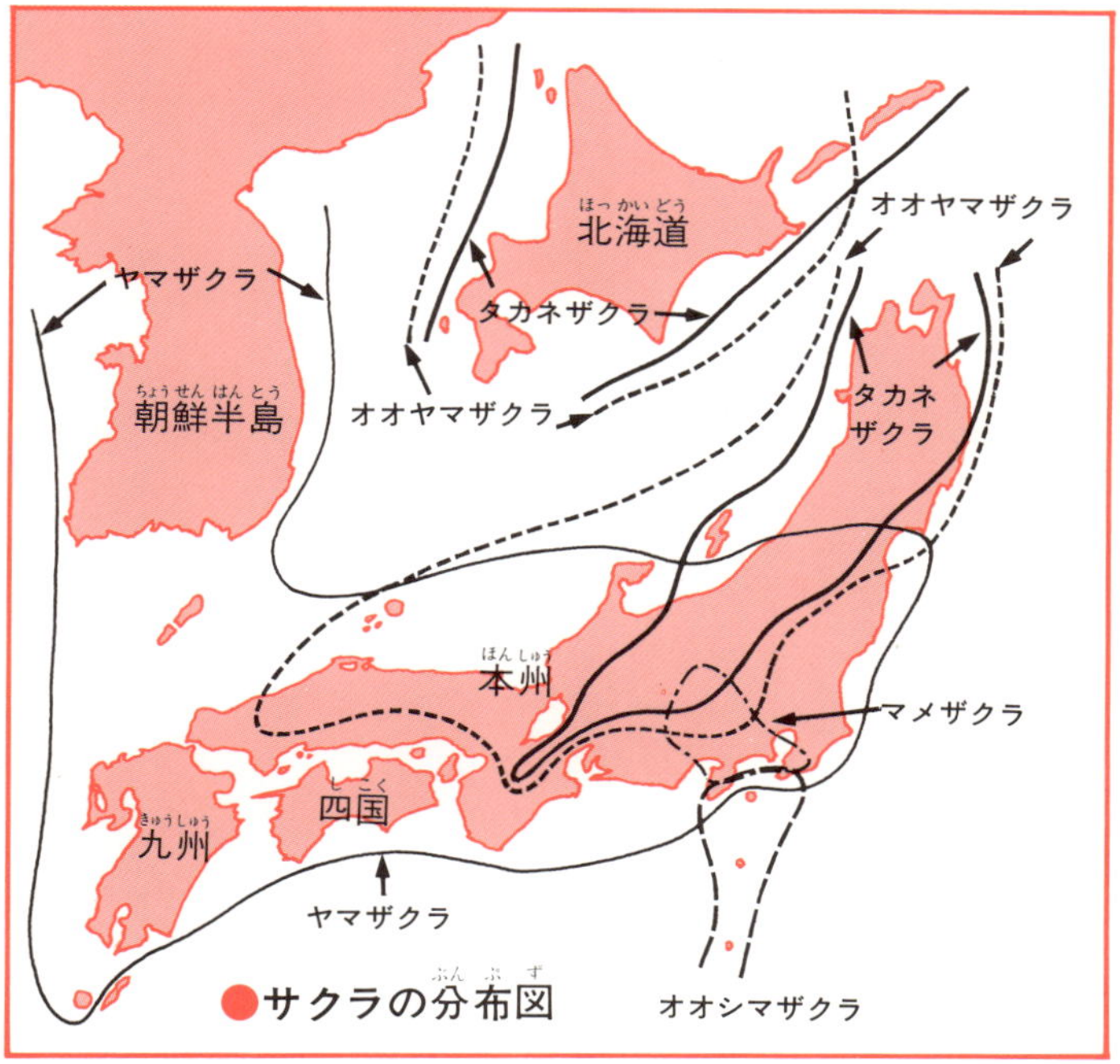

●サクラの分布図《ぶんぷず》

↓ヤマザクラは，野生《やせい》のサクラの代表《だいひょう》。

サクラは、大《おお》むかしから、日本《にっぽん》でそだってきた植物《しょくぶつ》です。

美《うつく》しい花《はな》がさくサクラのほとんどの種類《しゅるい》は、日《にっ》本列島《ほんれっとう》を中心《ちゅうしん》に、ヒマラヤ、中国大陸《ちゅうごくたいりく》、朝鮮半島《ちょうせんはんとう》、シベリヤなどにかぎって野生《やせい》しています。

朝鮮半島《ちょうせんはんとう》には、日本《にっぽん》とおなじヤマザクラや、ソメイヨシノににた、自然《しぜん》がつくりだした雑種《ざっしゅ》なども、はえています。

中国大陸南部《ちゅうごくたいりくなんぶ》、台湾《たいわん》にはえているタイワンヒザクラは、古《ふる》いむかしに、日本《にっぽん》の南部《なんぶ》にわたってきました。まだ冬《ふゆ》の寒《さむ》さがきびしい時期《じき》にさきはじめるので、日本《にっぽん》ではカンヒザクラとよんでいます。

サクラは、数千万年前《すうせんまんねんまえ》、日本《にっぽん》と大陸《たいりく》が陸《りく》つづきだったころは、おなじ種類《しゅるい》だったにちがいありません。やがて地形《ちけい》や、気候《きこう》の変化《へんか》によって、いくつもの種類《しゅるい》にわかれていったものと考《かんが》えられます。

日本人《にっぽんじん》は、むかしからサクラにしたしんできました。農業《のうぎょう》がさかんだった古代《こだい》の日本《にっぽん》では、サクラは、春《はる》のおとずれをつげるたいせつな花《はな》でした。とくに稲作中心《いなさくちゅうしん》の農業《のうぎょう》では、サクラの花《はな》がさくころに種《たね》をまき、一年《ねん》の農作業《のうさぎょう》がはじまりました。

やがて平安時代《へいあんじだい》になると、天皇《てんのう》や貴族《きぞく》たちが、花見《はなみ》をしたり、山野《さんや》にさく美《うつく》しいサクラを庭《にわ》にうえてたのしむようになり、サクラは日本《にっぽん》を代表《だいひょう》する花《はな》として、とうとばれるようになりました。

サクラのさいばいがさかんになると、いろいろな種類《しゅるい》のなかからかわった花《はな》が発見《はっけん》され、また(1)さし木《き》、(2)とり木《き》、(3)つぎ木《き》などでサクラをふやす技術《ぎじゅつ》もうまれました。七百《ひゃく》五十年《ねん》もむかし、藤原定家《ふじわらていか》という人《ひと》は、八重《やえ》ザクラをつぎ木《き》でふやした、という記録《きろく》がのこされています。

サクラのつぎ木《き》は、種《たね》から生長《せいちょう》させるよりも早《はや》く花《はな》をさかせることができ、親《おや》の木《き》とおなじ性質《せいしつ》

●改良《かいりょう》のもとになったサクラ

ヤマザクラのなかま
日本《にっぽん》の代表的《だいひょうてき》な野生《やせい》のサクラ。長野県《ながのけん》付近《ふきん》をさかいに、南《みなみ》ではおもにヤマザクラが、北《きた》ではオオヤマザクラ、また伊豆七島《いずしちとう》にはオオシマザクラが野生《やせい》している。

エドヒガンのなかま
本州《ほんしゅう》・四国《しこく》・九州《きゅうしゅう》・朝鮮半島《ちょうせんはんとう》・中国大《ちゅうごくたい》陸南部《りくなんぶ》・台湾《たいわん》にかけて分布《ぶんぷ》する野生《やせい》のサクラで、五百年《ひゃくねん》以上《いじょう》の大木《たいぼく》になる。シダレザクラ、ヒガンザクラは、エドヒガンザクラからうまれたかわりもの。

カンヒザクラのなかま
中国大陸南部《ちゅうごくたいりくなんぶ》・台湾《たいわん》に野生《やせい》するサクラで、琉球列島《りゅうきゅうれっとう》や鹿児島《かごしま》には、古《ふる》い時代《じだい》にわたってきたとおもわれるものがある。沖縄《おきなわ》では一月《がつ》に花《はな》がさく。花《はな》は半《はん》びらきで、もも色《いろ》がかったこいべに色《いろ》。

(1)さし木《き》　三月中旬《がつちゅうじゅん》、芽《め》がのびはじめる前《まえ》の枝《えだ》を十センチくらい切《き》って赤土《あかつち》などにさす。切《き》り口《くち》から根《ね》がでる。
(2)とり木《き》　五月《がつ》ごろ、根《ね》もとにちかい枝《えだ》をまげて切《き》れ目《め》をつくり土《つち》をかぶせておくと、切《き》れ目《め》から根《ね》がでる。
(3)つぎ木《き》　二月冬芽《がつふゆめ》が休眠中《きゅうみんちゅう》に、前年《ぜんねん》のびた枝《えだ》を八センチくらいに切《き》り、別《べつ》の木《き》につぐ。

⬅サクラの交配《こうはい》。受粉《じゅふん》させたあと，パラフィン紙《し》のふくろをかぶせて虫《むし》をふせぐ。

⬇3月下旬《がつげじゅん》，マメザクラの発芽《はつが》。ワラでかんそうをふせぐと，野生《やせい》のサクラはよく発芽《はつが》する。

のサクラをたくさんふやすことができます。

以来数百年《いらいすうひゃくねん》のながいあいだに、美《うつく》しい花《はな》、かわった花《はな》ができ、今《いま》では二百種類以上《ひゃくしゅるいいじょう》のサクラがあります。そのおおくは、自然界《しぜんかい》の変化《へんか》にともなってかわったものや、自然《しぜん》に交配《こうはい》してうまれた雑種《ざっしゅ》ですが、なかには、人《ひと》の手《て》で交配《こうはい》してつくられたものもいくつかあります。

最近《さいきん》になって、品種改良《ひんしゅかいりょう》や遺伝《いでん》の研究《けんきゅう》がおこなわれた結果《けっか》、ソメイヨシノの親《おや》ザクラがやっとわかってきました。

●ソメイヨシノの系図《けいず》

ソメイヨシノは，江戸時代《えどじだい》の末《すえ》に江戸《えど》の染井《そめい》というところにすんでいた植木屋《うえきや》がつくりだした，オオシマザクラとエドヒガンの雑種《ざっしゅ》と考《かんが》えられている。朝鮮《ちょうせん》の済州島《さいしゅうとう》には，自然《しぜん》にできたソメイヨシノににた雑種《ざっしゅ》が野生《やせい》している。

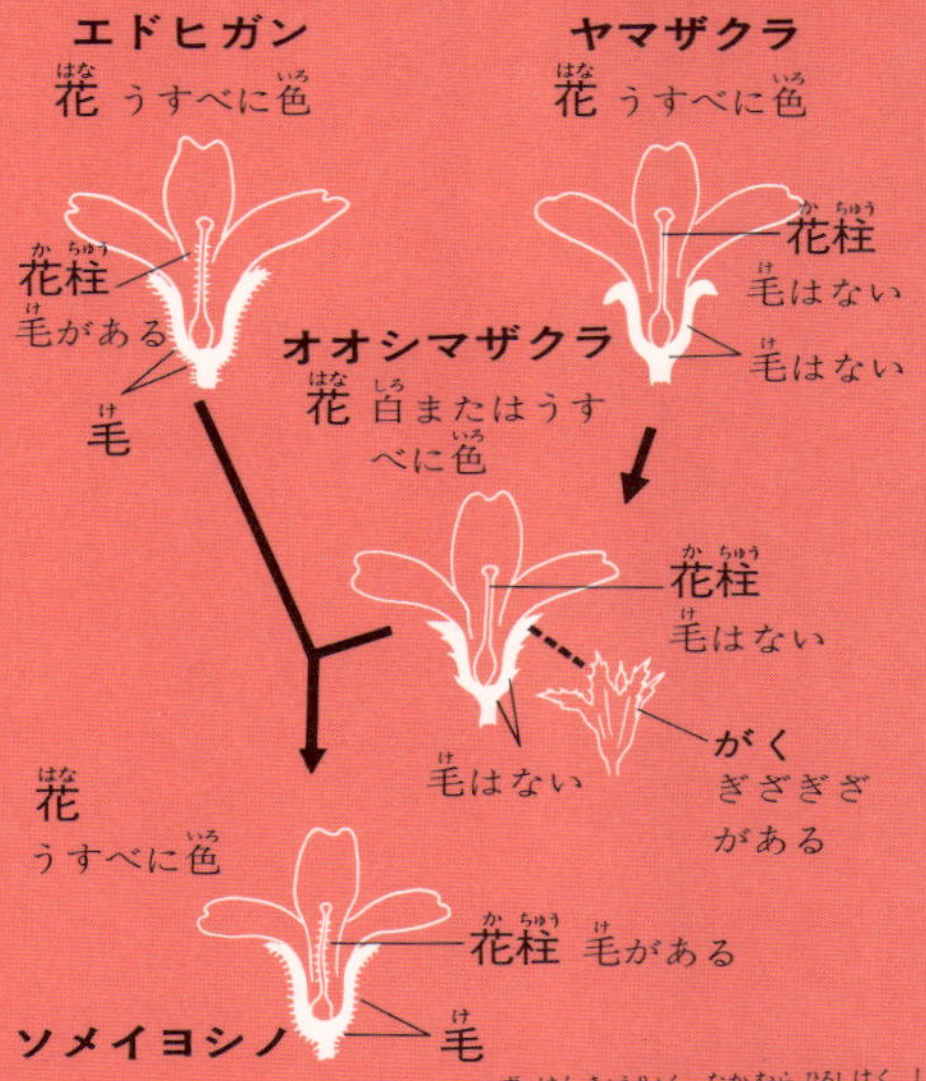

図版協力《ずはんきょうりょく》 中村浩博士《なかむらひろしはくし》

→↓サクラとともに生《い》きる佐野《さの》さん。毎年《まいねん》のように新《あたら》しい種類《しゅるい》を発見《はっけん》したり，改良《かいりょう》につとめている。写真《しゃしん》はつぎ木《き》をしているところ。

京都《きょうと》に、佐野藤右衛門《さのとうえもん》さんというサクラの研《けん》究家《きゅうか》がいます。佐野《さの》さんの家《いえ》は、代《だい》だい植木屋《うえきや》だったので、佐野《さの》さんは、おさないころからサクラ畑《ばたけ》のなかでそだてられてきたそうです。

やがて佐野《さの》さんは、おとうさんと二代《だい》にわたって日本中《にっぽんじゅう》のサクラをあつめ、改良《かいりょう》し、ふやす仕事《しごと》をするようになりました。

佐野《さの》さんは、日本全国《にっぽんぜんこく》をくまなくまわり、美《うつく》しいサクラをさがしだすと、そのわか木《ぎ》をもらいうけて、つぎ木《き》して子《こ》ザクラをふやしました。なかにはタイハクのように、日本《にっぽん》ではほろびてしまったサクラを、イギリスからとりよせてふやしたものもあります。

また佐野《さの》さんは、毎年《まいねん》たくさんの種《たね》をまき、新《あたら》しい種類《しゅるい》の発見《はっけん》にもつとめています。約《やく》一万《まん》本《ぼん》のなえのなかからうまれたという美《うつく》しいサノザクラをはじめ、ナニワザクラ、ヤマコシザクラ、キブネウズザクラなど、いくつもの新種《しんしゅ》を発見《はっけん》しました。

こうして佐野《さの》さんは、約《やく》五十年《ねん》のあいだに数《すう》十万本《まんぼん》のサクラをつくりました。京都《きょうと》をはじめ、大阪《おおさか》の通《とお》りぬけの桜《さくら》、東京《とうきょう》こどもの国《くに》、農林省《のうりんしょう》浅川実験林《あさかわじっけんりん》など、佐野《さの》さんの手《て》がけたサクラの名所《めいしょ》は、かぞえきれないほどです。

佐野《さの》さんには、もうひとつたいせつな仕事《しごと》があります。それは、サクラの使節《しせつ》として中国《ちゅうごく》、アメリカ、イタリアなどにでかけていって、美《うつく》しい日本《にっぽん》のサクラを世界中《せかいじゅう》にしょうかいすることです。

●佐野《さの》さんのそだてたサクラ

▲エンマドウフゲンゾウ

▼ギオンシダレ

▼ケンロクエンキクザクラ

●佐野《さの》さんの発見《はっけん》したサクラ

サノザクラはヤマザクラ系《けい》の園芸《えんげい》品種《ひんしゅ》で，約《やく》1万本《まんぼん》のなえのなかからうまれた。花《はな》はやや大《おお》きく，うすべに色《いろ》。花《はな》びらは円形《えんけい》をしていて，12～15枚《まい》ある。

▼サノザクラ

➡ヤマザクラのわか木《ぎ》の皮目《ひもく》。呼吸《こきゅう》するためにくちびるのようなあながある。

⬇１年目《ねんめ》の幹《みき》のつくり。中心部《ちゅうしんぶ》から①ずい②木部《もくぶ》③形成層《けいせいそう》④師管《しかん》⑤表皮《ひょうひ》でできている。

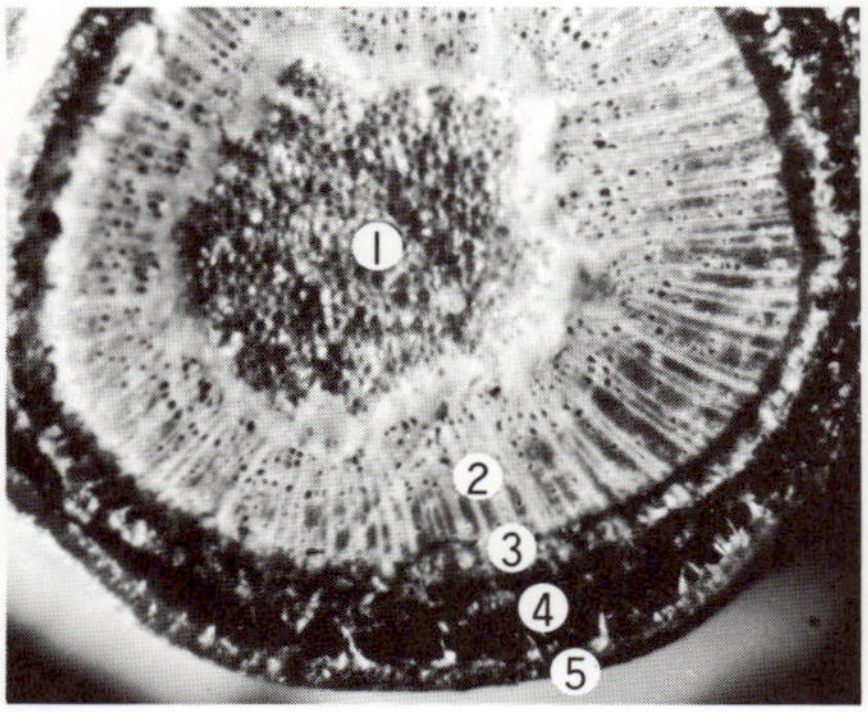

サクラは、四季《しき》おりおり規則正《きそくただ》しい生活《せいかつ》をくりかえし生長《せいちょう》します。園芸品種《えんげいひんしゅ》の一部《いちぶ》をのぞき、ふつう春《はる》に美《うつく》しい五弁《べん》の花《はな》をひらきます。

サクラには、二メートルくらいの低木《ていぼく》から、二十五メートルにもなる高木《こうぼく》まであります。

また、ソメイヨシノのように五十年《ねん》くらいしかいきないものから、ヤマザクラやエドヒガンのように数百年《すうひゃくねん》もいきるものまであります。

サクラの幹《みき》は、枝《えだ》や葉《は》とつながり、また根《ね》とつながって木《き》をささえ、水《みず》や養分《ようぶん》の通《とお》り道《みち》になっています。サクラの幹《みき》には、幹《みき》が呼吸《こきゅう》するための皮目《ひもく》というあなもあります。

サクラの幹《みき》は、形成層《けいせいそう》がかたい層《そう》をふやしながらふとくなっていきます。ところが、表皮《ひょうひ》はふとることがないので、年《とし》をとってくると皮《かわ》の表面《ひょうめん》がはがれたり、やぶれたりします。

サクラの幹《みき》は、冬《ふゆ》の気温《きおん》の低《ひく》いときには、形《けい》成層《せいそう》のはたらきがおとろえるため、そこに一年《ねん》間《かん》の生長《せいちょう》したくぎりの筋《すじ》ができます。年輪《ねんりん》といって、一年《ねん》にかならず一本《ぽん》ずつできるので、この筋《すじ》をかぞえるとサクラの年《とし》がわかります。

←サクラでは世界《せかい》一の老木《ろうぼく》といわれる山梨県《やまなしけん》の神代桜《じんだいざくら》(エドヒガン)。

↓約《やく》30年《ねん》くらいのヤマザクラの年輪《ねんりん》。サクラの年輪《ねんりん》は，スギなどのようには，はっきりしていない。

↓岩手県盛岡市《いわてけんもりおかし》の石割《いしわ》り桜《ざくら》。巨大《きょだい》なカコウ岩《がん》のわれ目《め》をおしひらくようにして生長《せいちょう》している。エドヒガンで，400年《ねん》くらいのもの。

＊根《ね》の役《やく》め

➡根《ね》ばり。木《き》が大《おお》きくなると根《ね》もとの部分《ぶぶん》がもりあがる。生長《せいちょう》する幹《みき》をささえるため，根《ね》を大地《だいち》にしっかりはわす。

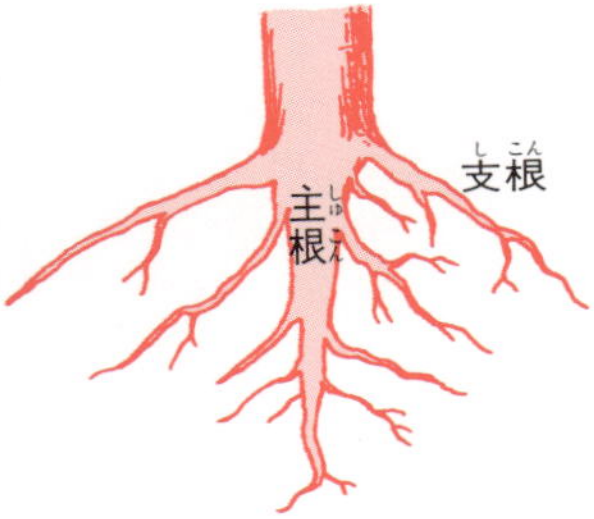

サクラの根《ね》は、主根《しゅこん》と支根《しこん》からなっています。種《たね》からでた根《ね》は、主根《しゅこん》といって地中《ちちゅう》ふかくすすんでいきます。支根《しこん》は、主根《しゅこん》から枝《えだ》わかれしてできる根《ね》で、木《き》をささえながら養分《ようぶん》をとるために、横《よこ》にあさくはって生長《せいちょう》します。

こうした、種《たね》から根《ね》を生長《せいちょう》させるのとは別《べつ》に、不定根《ふていこん》といって、よく生長《せいちょう》した幹《みき》や枝《えだ》からも根《ね》を発生《はっせい》させることができます。元気《げんき》な枝《えだ》をさし木《き》したり、木《き》をながいきさせるために、幹《みき》にどろをぬって新《あたら》しい根《ね》を発生《はっせい》させたり、老木《ろうぼく》の根《ね》にわか木《ぎ》の根《ね》を根《ね》つぎしたりします。

このように、根《ね》はサクラの生長《せいちょう》とじゅみょうに、たいせつな役《やく》わりをはたしているのです。

近《ちか》ごろよく、道路《どうろ》わきのサクラがかれているのをみます。町《まち》なかや道路《どうろ》わきにうえられたサクラは、土《つち》がふみかためられたり、自動車《じどうしゃ》のしん動《どう》がわざわいして根《ね》をのばすことができませ

長野《ながの》県《けん》高遠《たかとう》のコヒガンザクラは，100年以上《ねんいじょう》の老木《ろうぼく》をわかがえらすために，幹《みき》に赤土《あかつち》をまいて新《あたら》しい根《ね》をださせた。左《ひだり》は幹《みき》から根《ね》がでているところ。

道路《どうろ》わきのサクラは，自動車《じどうしゃ》のしん動《どう》で根《ね》をいためつけられ，はい気《き》ガスで葉《は》や幹《みき》の呼吸《こきゅう》ができなくなりかれてしまう。

ん。そのため根《ね》のはたらきがにぶり、それがサクラのかれる原因《げんいん》のひとつだと考《かんが》えられます。

いつまでも美《うつく》しい花《はな》をさかせるために、地中《ちちゅう》の水分《すいぶん》と養分《ようぶん》をすいあげる根《ね》を、じゅうぶんにまもってやらなければなりません。

＊サクラの病虫害《びょうちゅうがい》

美《うつく》しい花《はな》がちってしまうと、人《ひと》びとはサクラのことをわすれてしまいます。しかし来年《らいねん》も、また何年先《なんねんさき》までもサクラの花《はな》をさかせるには、サクラを病気《びょうき》や害虫《がいちゅう》からまもってやらなければなりません。

また、病虫害《びょうちゅうがい》のほかに、都会《とかい》や工場《こうじょう》の近《ちか》くなどでは、空気《くうき》のよごれがサクラにたいへん悪《わる》い害《がい》をあたえています。空気《くうき》のよごれは、粉《ふん》じんと自動車《じどうしゃ》などのはきだす有毒《ゆうどく》ガスによって、植物《しょくぶつ》の幹《みき》や葉《は》をよごし、植物《しょくぶつ》の呼吸《こきゅう》をできなくしてしまいます。

病気《びょうき》	べっこうたけ病《びょう》	幹《みき》にキノコがはえてくさる。
	うどんこ病《びょう》	葉《は》に白《しろ》カビがはえてかれる。
	こうやく病《びょう》	枝《えだ》や幹《みき》にビロードのようなものがつく。
	がんしゅ病《びょう》	幹《みき》や根《ね》にこぶができる。
	てんぐす病《びょう》	枝《えだ》の一部《いちぶ》がふくらんで小枝《こえだ》が群生《ぐんせい》する。
害虫《がいちゅう》	オビカレハ	枝《えだ》のまたに巣《す》をつくり、群《む》れになり葉《は》をたべる。
	アメリカシロヒトリ	大群《たいぐん》で木《き》をまるぼうずにしてしまう。
	クワカイガラムシ	幹《みき》や枝《えだ》から液《えき》をすいとる。
	コスカシバ	幹《みき》にくいこむ、ヤニがあるとそのなかにいる。
	コガネムシ	新芽《しんめ》・葉《は》をたべる。

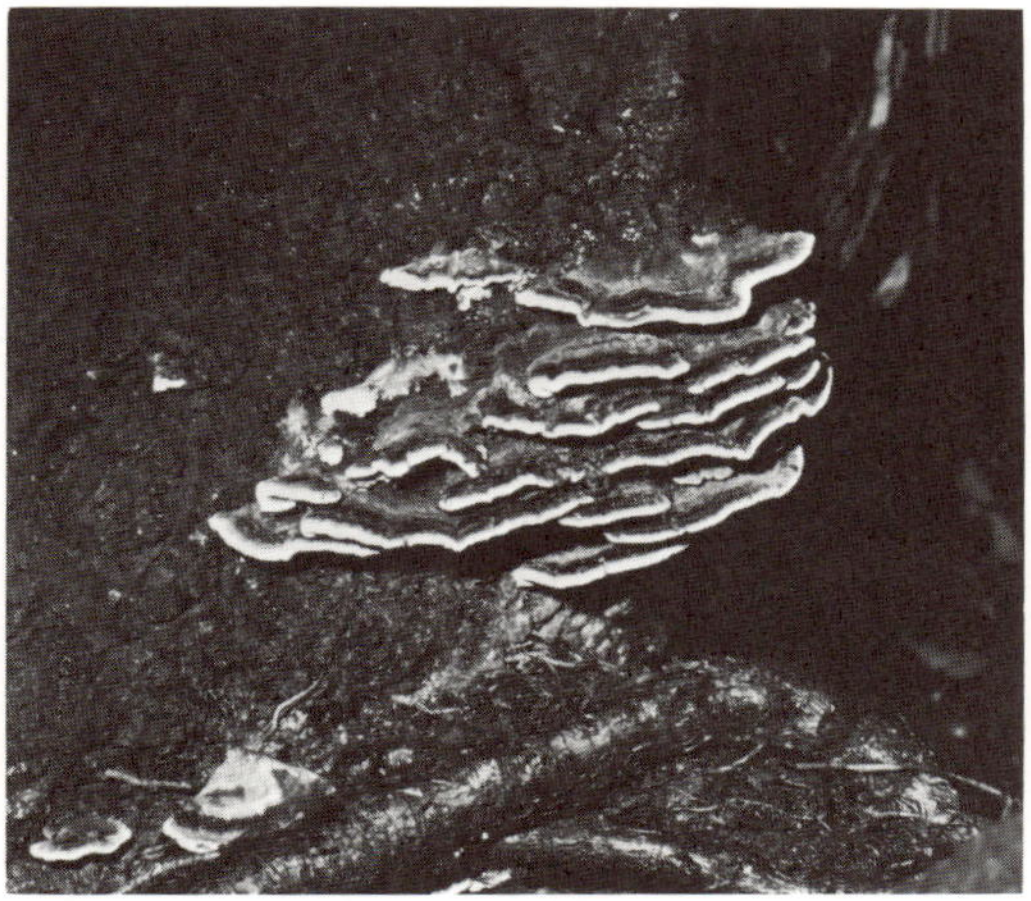

▲幹《みき》をくさらせるキノコ。

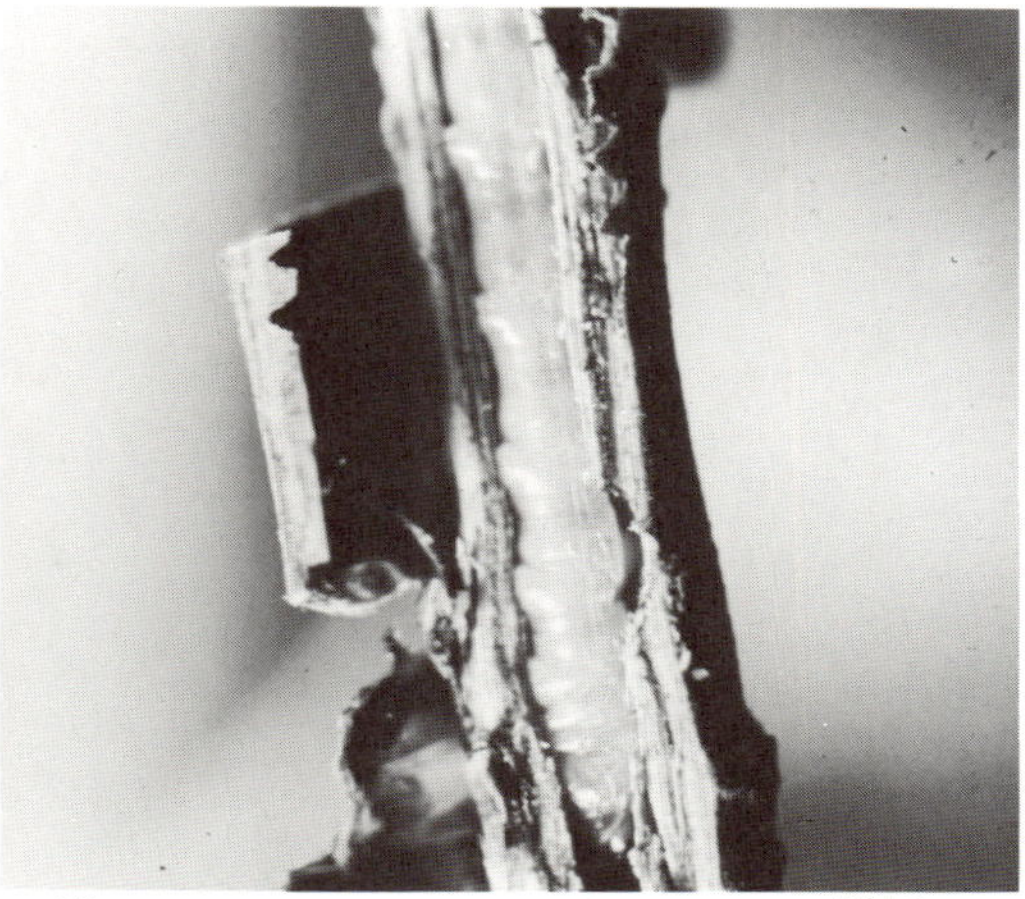

▲枝《えだ》のなかにもぐりこむコスカシバの幼虫《ようちゅう》。

▲からみついて木《き》の生長《せいちょう》をさまたげるツタ。

▲アメリカシロヒトリに葉《は》をくいあらされた。

▲てんぐす病《びょう》にかかった枝《えだ》。

▲花《はな》をくいあらす毛虫《けむし》。

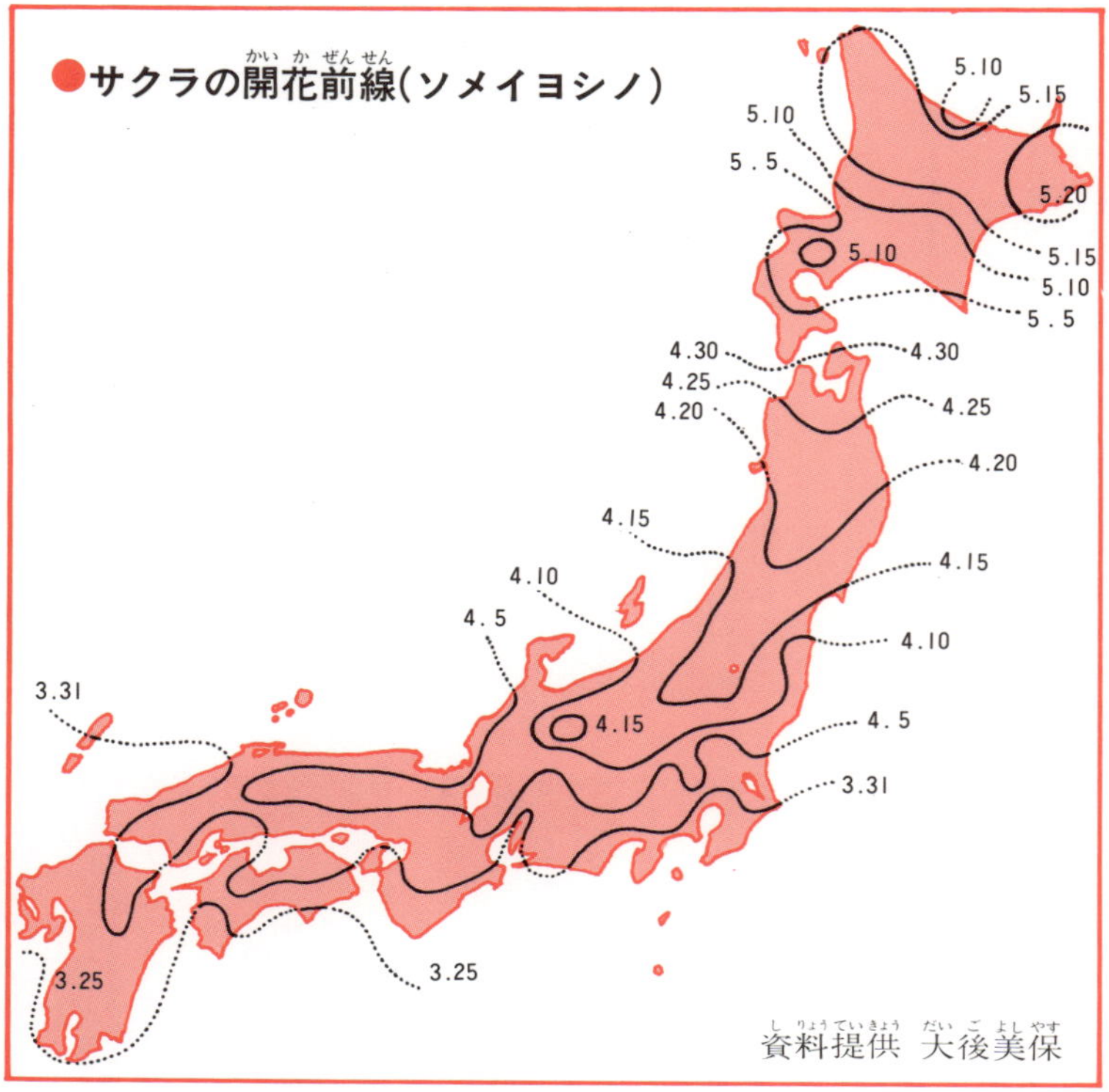

●サクラの開花前線《かいかぜんせん》(ソメイヨシノ)

資料提供《しりょうていきょう》　大後美保《だいごよしやす》

➡図《ず》の4・5や4・10はそれぞれ四月《がつ》五日《か》、四月《がつ》十日《か》という意味《いみ》。北《きた》へいくほど花《はな》のさく時《じ》期《き》のおくれがめだつ。また、高地《こうち》へいくほど花《はな》のさく時期《じき》がおくれ、高《たか》さ百《ひゃく》メートルのところでは、平地《へいち》より二～三日《にち》、二百《ひゃく》～三百《びゃく》メートルでは、五日《か》ほどおくれる。

日本列島《にっぽんれっとう》は、四季《しき》の変化《へんか》がはっきりしています。そのうえ南北《なんぼく》にほそながく、海《かい》ばつ〇《ゼロ》メートルから三千《ぜん》メートル以上《いじょう》の高山《こうざん》もあります。そのためにおなじ種類《しゅるい》の植物《しょくぶつ》でも、花《はな》のさく時期《じき》がたいへんちがいます。そのちがいがわかりやすいのがサクラです。

ソメイヨシノは、ほとんど日本中《にっぽんじゅう》にうえられています。ですからソメイヨシノが南《みなみ》から北《きた》へさきすすむ時期《じき》をしらべると、おおよそ日本列島《にっぽんれっとう》の春《はる》の位置《いち》をしることができます。

「サクラ前線《ぜんせん》」は、毎年《まいねん》三月《がつ》に気象庁《きしょうちょう》から発《はっ》表《ぴょう》されるソメイヨシノの開花予想日《かいかよそうび》です。全《ぜん》国《こく》の気象台《きしょうだい》が、その地方《ちほう》の気温《きおん》をしらべてわりだします。みなさんの地方《ちほう》で、ソメイヨシノがさく時期《じき》はいつごろでしょう。

花《はな》がちったあとも、サクラがどんな生長《せいちょう》をするのか観察《かんさつ》してみましょう。

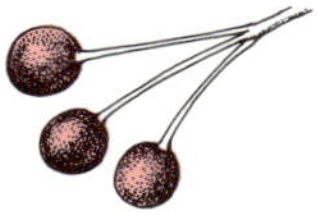

かんさつ1

実《み》の生長《せいちょう》のようすをしらべよう。

- 花《はな》びらのちったあと、なにがのこっているだろう。
- 花《はな》のどの部分《ぶぶん》が、ふくらんでいくだろう。
- 実《み》の色《いろ》や大《おお》きさが、どのように変化《へんか》していくだろう。
- 実《み》をナイフでわってみよう。どのようにたねがそだっていくだろう。

▼花《はな》がちると，めしべのねもとがふくらむ。

かんさつ2

葉《は》と枝《えだ》の生長《せいちょう》のようすをしらべよう。

- 葉の芽《め》は、どこにどんな形《かたち》でついているだろう。
- ひとつの葉《は》の芽《め》から、いくつの葉《は》がでるだろう。
- わかい枝《えだ》の長《なが》さは、どれくらいのびただろう。
- 葉《は》がでおわるのはいつだろう。
- 葉《は》のえのもとにできた芽《め》は、どんな生長《せいちょう》をするだろうか。

▼葉《は》の芽《め》からふきだすようにのびるわか葉《ば》。

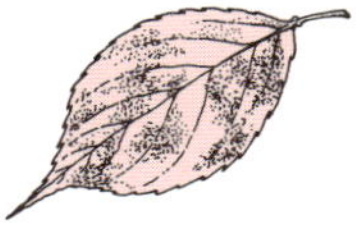

かんさつ3

紅葉《こうよう》と落葉《らくよう》のようすをしらべよう。

- いつごろから紅葉《こうよう》がはじまるのだろう。
- どのように色《いろ》が変化《へんか》していくだろう。
- 葉《は》は、どこからおちるだろう。
- 葉《は》がおちたあとは、どうなっているだろう。
- 枝《えだ》にのこった芽《め》は、生長《せいちょう》をつづけているだろうか。

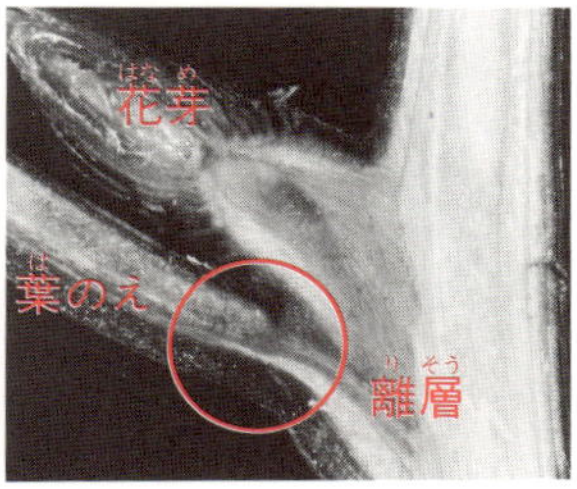

▼葉《は》のえのつけねにできた離層《りそう》。

あとがき

南国土佐《なんごくとさ》といっても、四国山脈《しこくさんみゃく》の春《はる》はおそく、高知県池川町大藪《こうちけんいけがわちょうおおやぶ》の「ひょうたん桜《ざくら》」はまだ三分《さんぶ》ざきでした。

しかし、樹《じゅ》れい五百年《ひゃくねん》といわれるエドヒガンの老大樹《ろうたいじゅ》が、四国山脈《しこくさんみゃく》のおくふかく、雄大《ゆうだい》にひらけた谷《たに》いっぱいに枝《えだ》をひろげた風景《ふうけい》は、わたしを圧倒《あっとう》してしまいました。山間《さんかん》のやせた畑《はたけ》には、ところどころにミツマタの花《はな》がさいているだけで、みあげる人《ひと》もいない山《やま》おくのサクラでした。数年前《すうねんまえ》、わたしがサクラを撮《と》りはじめたころのおもい出《で》です。

サクラは、むかしから日本《にっぽん》の花《はな》でした。わたしたちの祖先《そせん》が自然《しぜん》とサクラをたいせつにしてきたからこそ、今日日本中《こんにちにっぽんじゅう》にこんなにもすばらしいサクラがそだっているのだとおもいます。

わたしは、美《うつく》しい日本《にっぽん》の自然《しぜん》と、そこにさく美《うつく》しいサクラをたいせつにしたいと考《かんが》え、この本《ほん》をつくりました。

この本《ほん》をつくるにあたって農林省浅川実験林《のうりんしょうあさかわじっけんりん》の小林室長《こばやししつちょう》、京都《きょうと》の佐野《さの》さんご一家《いっか》をはじめ、多《おお》くの方《かた》がたにいろいろご指導《しどう》をうけました。心《こころ》より感謝《かんしゃ》いたします。

守矢《もりや》 登《のぼる》

（一九七五年二月）

NDC479
守矢　登
科学のアルバム　植物6
サクラの一年

あかね書房 1975
54P　23×19cm

科学のアルバム
サクラの一年

一九七五年　二　月初版
二〇〇五年　四　月新装版第　一　刷
二〇二三年一〇月新装版第一二刷

著者　守矢　登

発行者　岡本光晴
発行所　株式会社 あかね書房
〒一〇一―〇〇六五
東京都千代田区西神田三―二―一
電話〇三―三二六三―〇六四一（代表）
https://www.akaneshobo.co.jp
印刷所　株式会社 精興社
写植所　株式会社 田下フォト・タイプ
製本所　株式会社 難波製本

ISBN978-4-251-03338-3
定価は裏表紙に表示してあります。
落丁本・乱丁本はおとりかえいたします。

○表紙写真
・ソメイヨシノの花《はな》
○裏表紙写真（上から）
・満開《まんかい》のソメイヨシノ
・花《はな》びらがちったあとの花《はな》の断面《だんめん》
・落葉《らくよう》するソメイヨシノの木《き》
○扉写真
・つぼみの断面《だんめん》
○もくじ写真
・ソメイヨシノの木《き》

科学のアルバム

全国学校図書館協議会選定図書・基本図書
サンケイ児童出版文化賞大賞受賞

虫

モンシロチョウ
アリの世界
カブトムシ
アカトンボの一生
セミの一生
アゲハチョウ
ミツバチのふしぎ
トノサマバッタ
クモのひみつ
カマキリのかんさつ
鳴く虫の世界
カイコ まゆからまゆまで
テントウムシ
クワガタムシ
ホタル 光のひみつ
高山チョウのくらし
昆虫のふしぎ 色と形のひみつ
ギフチョウ
水生昆虫のひみつ

植物

アサガオ たねからたねまで
食虫植物のひみつ
ヒマワリのかんさつ
イネの一生
高山植物の一年
サクラの一年
ヘチマのかんさつ
サボテンのふしぎ
キノコの世界
たねのゆくえ
コケの世界
ジャガイモ
植物は動いている
水草のひみつ
紅葉のふしぎ
ムギの一生
ドングリ
花の色のふしぎ

動物・鳥

カエルのたんじょう
カニのくらし
ツバメのくらし
サンゴ礁の世界
たまごのひみつ
カタツムリ
モリアオガエル
フクロウ
シカのくらし
カラスのくらし
ヘビとトカゲ
キツツキの森
森のキタキツネ
サケのたんじょう
コウモリ
ハヤブサの四季
カメのくらし
メダカのくらし
ヤマネのくらし
ヤドカリ

天文・地学

月をみよう
雲と天気
星の一生
きょうりゅう
太陽のふしぎ
星座をさがそう
惑星をみよう
しょうにゅうどう探検
雪の一生
火山は生きている
水 めぐる水のひみつ
塩 海からきた宝石
氷の世界
鉱物 地底からのたより
砂漠の世界
流れ星・隕石